Ensayo seguridad informatica

Roberto Sánchez Quiñones

GRIN

Bibliographic information published by the German National Library:

The German National Library lists this publication in the National Bibliography; detailed bibliographic data are available on the Internet at http://dnb.dnb.de.

ISBN: 9783346568106
This book is also available as an ebook.

Nymphenburger Straße 86
80636 München

Print and binding: Books on Demand GmbH, Norderstedt, Germany
Printed on acid-free paper from responsible sources.

GRIN web shop: https://www.grin.com/document/1159091

Escuela

Instituto Tecnológico Superior de Tierra Blanca

Asignatura

Fundamentos de Investigación

Carrera

Ingeniería en sistemas computacionales

Tema

Ensayo de la seguridad informática

Integrantes del equipo

Sánchez Quiñones Roberto

Ortiz Morales Jose Juan

Delfín Sandoval Luis Ángel

Gallardo Crispín Abdiel

23/11/2021

Resumen

La seguridad informática se ha hecho esencial en los últimos años por su gran impacto al ayudar a las empresas a tener más seguridad en sus sistemas computacionales, ya que hoy en día se han presentado muchos hackeos a empresas y compañías y eso nos permite brindar una seguridad correcta y responsable

La seguridad informática es mantener la seguridad, disponibilidad, privacidad, control y la información manejada por computadora y para que los usuarios tengan más confianza. Gracias a la seguridad informática ha reducido la manipulación de datos y procesos a personas no autorizadas.

Que es la seguridad de informática se encargar de proteger y mantener en privado los datos almacenados en el Internet.

Palabras clave: Confidencialidad, integridad, ciberseguridad.

Abstract:

Computer security has become essential in recent years due to its great impact in helping companies to have more security in their computer systems, since today many hacks have been presented to companies and companies and that allows us to provide security correct and responsible

Computer security is to maintain the security, availability, privacy, control and information managed by computer and so that users have more confidence. Thanks to computer security, it has reduced the manipulation of data and processes to unauthorized people.

What is computer security? It is responsible for protecting and keeping data stored on the Internet private.

Keywords: Confidentiality, integrity, cybersecurity.

La seguridad informática es la que tiene que proteger en su totalidad y resguardar la información que se encuentra bajo cuidado de un sistema informático como el autor Baca lo explica (2016):

> *"La seguridad informática es la disciplina que, con base en políticas y normas internas y externas de la empresa, se encarga de proteger la integridad y privacidad de la información que se encuentra almacenada en un sistema informático minimizando los riesgos tanto físicos como lógicos, a los que está expuesta." (p.12)*

Los recursos son las cosas que debemos proteger en un sistema informático como el autor Gómez lo define (2011): *"Los recursos son los activos a proteger del sistema informático de la organización". (p.5)*

Debido al presupuesto en ocasiones no se permite proteger todos los sistemas informáticos, sin embargo, se debe de reconocer ciertos activos que tienen más peso para proteger como el autor Roa lo menciona (2013) :

> *"Debemos identificar los activos que hay que proteger: qué equipos son más importantes y qué medidas aplicamos en cada uno. Por ejemplo, todos los equipos deben llevar antivirus y firewall; sin embargo, la ocupación del disco duro solo nos preocupará en los servidores, no en los puestos de trabajo. Del mismo modo, el control del software instalado es mucho más exhaustivo en un servidor que en un ordenador personal." (p.1)*

Se logró determinar que la metodología para detectar anomalías conocidas como MAGERIT resulta ser la más efectiva y completa ya que protege la información para garantizar seguridad a dichos sistemas de una organización como el autor Tejena lo menciona (2018):

> *"A partir del estudio, se logra determinar que MAGERIT resulta ser la opción más efectiva y completa ya que protege la información en cuanto a integridad, confidencialidad, disponibilidad y otras características importantes para garantizar la seguridad de los sistemas y procesos de la organización." (p.1)*

La mayoría de los profesionales suelen hablar en torno a seguridad informática y la seguridad de la información generando confusión, como si fuera el mismo sin embargo como el autor Figueroa lo menciona (2018): *"Muchos profesionales hablan indistintamente de la seguridad informática y la seguridad de la información. Sin embargo, cada disciplina tiene su particularidad aun cuando están estrechamente relacionadas." (p.1)*

Tener conocimientos relacionados a seguridad informática logra ser muy importante a día de hoy para evitar algún ataque no deseado como el autor Martínez lo menciona (2017): *"Es indispensable tener conocimientos relacionados con la seguridad informática, pues sin ellos el usuario de computadoras podría caer en un estado de indefensión que ponga en peligro no solo su información o equipo, sino su propia integridad."* (p.4).

De no contar con las medidas necesarias en la ciberseguridad podrían ocurrir daños graves a las empresas como la autora Palafox nos menciona (2019):

> *"Los procesos industriales son operados y supervisados gracias a los Sistemas de Control Industrial, dichos sistemas se encuentran expuestos a amenazas que antes no eran contempladas, debido a sus características intrínsecas de dichos sistemas y la nueva era de la Industria 4.o, donde la interconexión de los sistemas de control a las redes corporativas forma parte del nuevo entorno industrial. De este modo, son expuestos nuevos riesgos y vulnerabilidades del sector industrial, que en muchas ocasiones no son analizados, contemplando que las compañías, no cuentan con medidas de ciberseguridad apropiadas, por lo que podrían acarrear serias consecuencias en caso de incidente, en relación a los procesos y finanzas de la empresa, así como daños en el entorno y en el personal de la planta." (p.1)*

Existen además metodologías que guían de implementación de un SGSI como el autor Minhap nos dice (2014):

> *"La metodología propuesta está pensada para guiar el proceso de implementación de controles de seguridad informática en la UCI, por lo que se encuentra alineada con las disposiciones y regulaciones a las que se somete este centro. Los conceptos incluidos, fundamentalmente los relacionados con el análisis de riesgos, son los que se utilizan en las diferentes áreas de la UCI." (p.16)*

El estudio más importante en tal sentido es el modelo para la gestión automatizada e integrada de controladores de seguridad como el autor Montesino nos dice (2012):

> *"La gestión automatizada de un control de seguridad informática implica que la operación, monitorización y revisión del mismo se realizan de forma automática, mediante sistemas informáticos y/o herramientas de hardware existentes sin que se produzca intervención humana en la realización de estas acciones" (p.17)*

La seguridad informática forma parte de las empresas y es parte fundamental para proteger de diversos ataques cibernéticos y amenazas, así como el autor Suarez nos comenta (2017):

> *"La seguridad informática forma parte de los grandes negocios en materia de tecnología y seguridad en las empresas. Debido a que hoy en día se reflejan distintos tipos de ataques y amenazas al acceso de la información de las organizaciones, es necesario crear medidas y procesos que contrarresten estos peligros que afectan los recursos funcionales de las entidades. Por eso en esas ocasiones se requiere la disposición de diferentes mecanismos de seguridad que van relacionados con varios tipos de recursos tanto humanos como tecnológicos que ayuden a garantizar una seguridad impecable en las empresas y organizaciones." (p.16)*

Tener un control sobre la información y responsabilidad para la comprensión de un sistema informático es muy importante para que esa información y datos no caiga en manos equivocadas, así como el autor Ramos nos menciona (2011):

> *"Preservar la información y la integridad de un sistema informático es muy importante para una empresa u organización, por lo que en pérdidas económicas y de tiempo podría suponer, sin olvidarse del peligro que podría acarrear el acceso al sistema de un usuario no autorizado." (p.2)*

La seguridad informática tiene un papel muy esencial para las empresas ya que cuida la privacidad, administra y organiza la información como el autor Carvajal lo menciona (2019): *"En un mundo en el que las tecnologías de la información y comunicación (TIC) parecen estar presentes en casi todas nuestras actividades diarias poco se ha reflexionado sobre los riesgos que pueden representar las mismas para los seres humanos" (p.19).*

La investigación está basada en normas y mecanismos de seguridad, así como el autor Ramírez nos menciona (2018):

> *"La investigación se fundamenta en las normas, estándares y mecanismos de seguridad de la información e informática, tomando características específicas de las normas técnicas ISO, Estándar Cloud Security Alliance Cloud Controles Matrix, y demás autores; se analizó las variables intervinientes como la garantía, gobernanza, identidad y control de acceso." (p.4)*

Con las creaciones de múltiples redes se hace cada vez más necesario enseñar, aunque sea un poco de la ciberseguridad a los adolescentes para que logren saber cómo estar bien protegidos como lo mencionan las autoras Astorga y Schmidt (2019): *"Educar en ciberseguridad a las personas menores de edad es un nuevo reto para los padres y las madres de familia, que deben prepararse y conocer para enseñarles a protegerse de estos nuevos peligros." (p.1)*

Cualquier empresa a nivel mundial puede llegar a ser afectada por parte de algún ataque malicioso de terceros como lo mencionan los autores Uriol y Jover (2020): *"Todas las empresas pueden ser objeto de ataques informáticos." (p.1)*

Gracias a la era digital las empresas cada vez van cambiando más y más acercándose a lo que en Alemania llaman como cuarta revolución industrial según el autor Joyanes (2021):

> *"La transformación digital de la industria y las empresas con la integración de las nuevas tecnologías disruptivas como Big Data, Cloud Computing (la nube), Internet de las Cosas y Ciberseguridad, todo ello, enmarcado en las Ciudades Inteligentes (Smart Cities), está produciendo el advenimiento y despliegue de la cuarta revolución industrial." (p.1)*

La seguridad informática es parte esencial en los últimos años por su gran impacto al ayudar a las empresas a tener todo más seguro como el autor Saín lo menciona (2018): *"La seguridad en las organizaciones tiene sus orígenes a principios de siglo XX y tenía como objetivo proteger las instalaciones físicas frente a los conflictos sociales y laborales de la época." (p.1)*

La seguridad informática una de sus principales funciones es detectar el uso no autorizado de algunos sistemas en específico como los autores Espinoza y Rodríguez nos mencionan (2017): *"La seguridad simplemente es una necesidad básica, estando previendo sobre la vida y las posesiones. Los primeros con conceptos de seguridad se evidencian en los inicios de la escritura con los sumerios (3000 AC) o el Hammurabi (2000 AC)." (p.1)*

Pará tener conocimiento en cuanto a seguridad informática debes estar actualizando día a día con la nueva tecnología como el autor Portainer lo menciona (2012): "Con el correr de los años, los seres humanos dependemos cada vez más de la tecnología para mantener nuestro estilo de vida." (p.1)

Hoy en día la seguridad informática es importante por los ataques que han recibido las empresas y compañías como el autor Torres lo menciona. (2020): *"En la actualidad, es muy importante considerar que la información es una prioridad para cualquier institución u organización. (p.1)*

Con la seguridad informática los usuarios de redes sociales pueden tener más privacidad y seguridad como el autor Vega lo menciona (2020):

> *"Actualmente los sistemas de información, los datos contenidos en ellas y la información son los activos más valiosos para las organizaciones empresariales y se hace necesario brindarles una protección adecuada frente a las posibles intrusiones derivadas de las vulnerabilidades existentes en sus sistemas de seguridad." (p.493)*

La seguridad informática puede usarse para obtener cierta información de los demás y contactarlos fácilmente como la autora Hernández lo menciona (2020):

> *"La información es uno de los activos más importantes para cualquier entidad, sin embargo, algo que parece fácil manejar se ha vuelto complejo debido a la creciente demanda de información que día a día se acumula sin contar con los espacios." (p.1)*

La implantación de planes para capacitación de forma seguida en relación a los conocimientos básicos en seguridad informática como lo menciona el autor Moreno (2018):

"Dentro de las prácticas de la seguridad informática esta la capacitación continua a los usuarios del sistema, se puede implementar un plan anual de capacitación continua, acerca de los principios básicos de seguridad informática, dirigido a todos los colaboradores de las organizaciones, donde se tendrá que involucrar desde a la alta gerencia, hasta personal de mantenimiento y servicios generales, pasando por las demás áreas. Los colaboradores de las compañías son el eslabón más débil en cuanto a la seguridad informática, dado que no tienen la cultura, ni se concientizan del valor de la información para las organizaciones, incluso, para los hogares son dados a la informalidad y a pesar de que, muchas compañías actualmente implementan tecnologías que le permiten mitigar ciertos riesgos en cuanto al manejo, consulta, almacenamiento y custodia de la información." (p.2)

Aunque pueda parecer que todo marcha bien, la realidad es que no existe un sistema del todo seguro, o que esté fuera de ser víctima de ataques, por lo cual, se requiere tener una búsqueda seguida de vulnerabilidades y métodos eficientes que permitan la mejora constante de la seguridad como lo menciona el autor Didier. (2021):

"Las personas usan los sistemas de información y la infraestructura de internet de forma cotidiana, y es común que todos confíen plenamente en la implementación de seguridad por defecto de su proveedor de servicios, debido a que se tiene un desconocimiento general de las vulnerabilidades que pueden tener los sistemas dentro del hogar. Esto permite, que en muchas ocasiones pase desapercibido ante el usuario algunos riesgos de seguridad presentes en los sistemas informáticos, tales como errores de configuración, faltas a las buenas prácticas en seguridad o fallas propias del software utilizado, generando una falsa percepción de seguridad que oculta los riesgos existentes." (p.14)

Desde el principio de la historia el hombre ha tratado de encriptar la información de sus mensajes, tomando como ejemplos el clave morse o como la maquina enigma usada en la segunda guerra mundial la cual podía descifrar y cifrar mensajes para que en cuando un enemigo llegará a interceptar el mensaje no pudiera cifrarlo, sólo se podía descifrar con la misma máquina que se creó el mensaje siendo un gran avance para su época hace ya 82 años como lo menciona el autor Gonzales. (2018):

"La seguridad informática, es totalmente indispensable y necesaria en esta era digital, donde toda la información se encuentra expuesta en la nube y al ser así se requiere la protección de la misma; en la Cooperativa Utrahuilca se requiere que dicha información sea asegurada y esté disponible a sus asociados, y para ello se hace necesario una implementación de seguridad ya que no cuentan con ello." (p.12)

Cuando nos referimos al cuidado de equipos de uso personal en nuestra propiedad, oficina o dispositivos móviles, cada una de estas instrucciones se debe conocer de forma práctica y teórica, para que las personas hagan conciencia de lo que realizan en internet, así como a quien le están dando información personal como lo menciona el autor Flores y otros (2018):

"El tema de seguridad es muy importante, se tiene un computador para realizar cualquier tipo de trámites, sirve como una herramienta de la vida diaria, el uso de la tecnología se

ha diversificado existen teléfonos, tabletas, laptops, etc., y es allí donde aparecen los peligros. La edad en que las personas usan la tecnología es muy baja, en la actualidad desde los 6 años de edad ya manejan información que se registra en el internet y no tienen ningún cuidado en su uso, las actividades más comunes son el acceso a las redes sociales, correos electrónicos, compras en línea. El robo de contraseña es el más común ya que no tenemos ni el más mínimo cuidado, seguimos ubicando nombre típico de mascotas, apellidos, nombre, entre otros. "(p.4)

A pesar de antes ser algo que muy pocos se podían permitir a día de hoy la seguridad informática se ha posicionado en algo indispensable dentro de cualquier organización como el autor Díaz lo menciona (2020):

"la seguridad informática ha pasado de ser un lujo a una necesidad inaplazable en la sociedad actual. Por otra parte, las nuevas generaciones que continuamos los estudios de educación superior tenemos la responsabilidad de hablar un lenguaje comprensible y al mismo tiempo que responda a las necesidades de la sociedad cada más digital, y por lo tanto expuesta en su intimidad, su seguridad, y en casi todos los procesos humanos mediados por tecnología." (p.6)

Previo a la globalización la seguridad informática operaba en redes privadas donde unas simples barreras informáticas eran suficiente para que la información estuviese segura como los autores Quiroz y Macías nos explican (2017):

"El ambiente de los sistemas de información que predominó hasta principios de la década de los noventa, –previo a la globalización de las telecomunicaciones, las redes mundiales de teleproceso, la Internet, etcétera– tuvo como una de sus características más relevantes la de poseer entornos informáticos en los que se operaba de manera aislada o en redes privadas en las cuales, la seguridad impuesta por el acceso físico y algunas simples barreras informáticas bastaban para que la seguridad de la información en ellos contenida estuviese garantizada." (p.4)

Debido al gran crecimiento que tuvo la tecnología, hoy en día en las empresas es uno de los activos más importantes ya que contribuyen demasiado a su crecimiento como el autor Castillo nos menciona (2017):

"Debido al auge de la tecnología y la masificación en el mundo, las empresas la han adoptado como un medio significativo e importante de evolución y crecimiento; la tecnología junto con la información se ha convertido en uno de los activos más importantes de las empresas, al contribuir en un alto grado en la evolución y ejecución del "core" de negocio, es ésta la razón, por el cual es de vital importancia preservar y salvaguardar la información en cualquier tipo de empresa." (P. 1)

Gracias a ordenar ciertos incidentes podemos utilizar adecuadamente los recursos para poder aplicar bien las medidas de seguridad informática como el autor Chicano nos menciona (2015):

"La gestión de incidentes tiene como objetivo calcular y utilizar adecuadamente los recursos necesarios para aplicar correctamente estas medidas de prevención, detección y corrección de incidentes de seguridad. Se establecen unas pautas generales a seguir para que esta gestión este bien ejecutada." (p.5)

JavaScript lleva muchos años evolucionando para ser a día de hoy de los lenguajes más utilizados para las páginas web como los autores Melo y Hernando lo mencionan (2017):

#

"Desde sus inicios en 1995, JavaScript ha evolucionado a lo largo de los años para convertirse hoy en día en uno de los lenguajes de programación más utilizados del lado del cliente para el mejoramiento de la interfaz de usuario y las páginas https://quesignificado.org/que-es-un-error-de-tiempo-de-ejecucion/ web dinámicas, sin embargo, en el año 2009 nació Node JS con el objetivo de aprovechar el gran potencial de JavaScript, y situarlo del lado del servidor para hacer competencia directa a otros lenguajes de programación como PHP, JSP, ASP.net entre otros. Este acontecimiento, además de brindar nuevas alternativas a los desarrollos web, genera nuevos desafíos en el ámbito de la seguridad informática. Este documento exhibe las características propias de Node JS y presenta algunas de las técnicas o estándares más utilizados para aumentar la seguridad informática en la utilización de este tipo de servidores." (p.1)

La seguridad informática en las instalaciones siempre será parte fundamental de las empresas ya que ayudan en las funciones que estas tienen como el autor Taipe nos menciona (2020):

"En la actualidad la seguridad informática en las organizaciones es parte importante y fundamental, ya que esto incurre directamente al cumplimiento de sus funciones. En esta investigación se busca identificar los riesgos y vulnerabilidades y establecer controles que inciden en la seguridad de los activos de información. En primer lugar, se llevará a cabo la identificación y valoración de los activos de información para lo cual se hará uso de la Metodología Magerit para conocer la gestión de Riesgos y las amenazas a los que están expuestos estos activos. Se empleará la Herramienta Pilar para poder graficar la estimación de todos estos resultados y poder así tomar decisiones frente a las amenazas y riesgos. Los resultados muestran que estos activos de información se encuentran expuestos a riesgos peligrosos, para lo cual se tiene que establecer un plan de seguridad informática para reducir y controlar estos riesgos. Con el plan de Seguridad se pudo optimizar los riesgos y amenazas de los activos de información." (p.1)

La necesidad acerca de seguridad informática surge con el incremento de crímenes informáticos como el autor Carvajal nos menciona (2019):

#

"El uso de la tecnología como canal de comunicación, incluso de almacenamiento de información, pone en riesgo la información que por ella transita, de modo que a la par de estos avances también podemos observar el incremento de los delitos informáticos. De allí surge la imperiosa necesidad por parte de las organizaciones de proteger su data digital. En tal sentido, la presente investigación presenta información importante acerca de la encriptación de datos como herramienta de protección para la información de una empresa, el aporte de su adopción contra los riesgos que implican no usarlas y los obstáculos que hasta la fecha presenta esta herramienta." (p.1)

##

Seguridad informática organizacional: un modelo de simulación basado en dinámica de sistemas como los autores Gil y Gil nos mencionan (2017):

> *"La seguridad informática permite a las organizaciones proteger sus recursos financieros, sistemas de información, reputación, situación legal, y otros bienes tangibles e intangibles. El objetivo principal de este trabajo es desarrollar un modelo de simulación que permita evaluar el nivel óptimo de seguridad que deben tener las organizaciones considerando aspectos relacionados con la reducción del riesgo y la obtención de beneficios empresariales. La técnica empleada para la construcción del modelo fue dinámica de sistemas, la cual permite modelar y analizar el comportamiento de sistemas complejos en el corto, mediano y largo plazo". (p.2)*

La importancia de la seguridad informática según la autora Agustina (2019):

> #
> *"Los sistemas pueden contener datos confidenciales, información sobre los procesos y operaciones organizacionales, planes estratégicos y de negocios, secretos comerciales y demás información de vital importancia. Sin embargo, el valor de dicha información se pierde en gran escala si la misma es conocida por personas externas a la empresa". (p.24)*

Metodología de análisis y verificación de riesgos usados para seguridad informática y de Información bajo la norma según solarte y otros (2015):

> *"Actualmente los sistemas de información, los datos contenidos en ellas y la información son los activos más valiosos para las organizaciones empresariales y se hace necesario brindarles una protección adecuada frente a las posibles intrusiones derivadas de las vulnerabilidades existentes en sus sistemas de seguridad. Una manera efectiva de descubrir estas vulnerabilidades y amenazas existentes es iniciando los procesos diagnósticos que permitan establecer el estado actual de la seguridad dentro de la organización, teniendo en cuenta la normatividad vigente y los procesos de análisis y evaluación de riesgos". (p.2)*

Seguridad informática y su introducción según los autores Ochoa y Cervantes (2012):

> *"La seguridad informática se enfoca en la protección y la privatización de sus sistemas y en esta se pueden encontrar dos tipos: La seguridad lógica que se enfoca en la protección de los contenidos y su información y la seguridad física aplicada a los equipos como tal, ya que el ataque no es estrictamente al software y también al hardware y también la infraestructura informática es una parte fundamental para la preservación del activo más valioso que es la información, así mismo se busca mantener la confidencialidad, integridad, autenticidad, y disponibilidad que son los datos recordando símbolos que representan hechos, situaciones, condiciones o información es el resultado de procesar o transformar los datos la información es significativa para el usuario". (p.1)*

Todas las organizaciones cuentan con seguridad informática porque administran demasiada información que debe ser accesible para varias personas en distintos lugares según las autoras Muños y Rivas (2015):

> "Las organizaciones deben administrar una gran cantidad de información que debe ser accedida en diferentes lugares y personas, lo que genera un riesgo. Desafortunadamente, este riesgo se potencializa debido a que la organización no siempre se cuenta con un departamento o personal del área de seguridad informática, dando como resultado información vulnerable. Esta situación es confirmada con datos publicados en el reporte de Symantec en 2013 donde se reportan 253 ataques a organizaciones que tienen como resultado 552.018.539 identidades expuestas. Para dar una solución a esta problemática

> se crearon los Equipos de Respuesta a Incidentes de Seguridad Informática (CSIRT) que apoyan con servicios y conocimientos para responder eficientemente a los ataques de seguridad (ya evitando y respondiendo a estos ataques). En este artículo se presenta una revisión sistemática para la obtención del estado actual de los CSIRTs existentes e identificar principales elementos a tener en cuenta para su establecimiento". (p.1)

Se recopilo información para llegar a la conclusión que en empresas medianas o pequeñas no existe muy buen control sobre la seguridad informática según el autor Guevara (2020):

> *"En la investigación se empleó el método de triangulación, también se empleó el enfoque cualitativo, analítico e inductivo que consiste en la recopilación de datos de las unidades informantes que en este caso fueron cinco actores, mediante la entrevista, lo cual nos permitirá a identificar la situación actual, obteniendo resultados para salida a las problemáticas identificadas y recomendaciones sobre la seguridad informática de la empresa, los datos fueron procesados en el programa Atlas. Ti 8, se logró conseguir que, en una mediana empresa, no hay control definido de seguridad informáticas por falta de compromiso de otras áreas y alta gerencia, no cuentan con área de TI, no están definidos los procesos de seguridad de información, no hay políticas establecidas y no se dispone de manual para ejecutar dicha tarea. No cuenta con una privacidad informática especializada, los únicos controles que hay operativos son las actualizaciones de los antivirus y del Update." (p.1)*

Conclusión.

Gracias a las investigaciones anteriores se puede concluir que la seguridad informática es uno de las cosas más indispensables al día de hoy para cualquier empresa ya que los datos que se almacenan en la nube o en cualquier medio electrónico está expuesto a vulnerabilidades por parte de cualquier persona con intenciones maliciosas es por eso que las empresas se ven en la obligación de adquirir personal con experiencia así como algunos programas o agentes como los de sombrero blanco para poder protegerse adecuadamente de cualquier amenaza externa. Además de esto es necesario educar a las personas con conocimientos mínimos de la seguridad informática para que estos puedan poder protegerse en la vida cotidiana al momento de que alguien quiera acceder a una cuenta personal.

Referencias.

Agustina, M., (2019) "Seguridad informática: la protección de la información en una empresa vitivinícola de Mendoza" obtenido en la red mundial el 22 de octubre del 2021 https://bdigital.uncu.edu.ar/objetos_digitales/15749/sistimariaagustina.pdf

Astorga, C y Schmidt, I., (2019) "Peligros de las redes sociales: Como educar a nuestros hijos e hijas en ciberseguridad" obtenido en la red mundial el 18 de noviembre del 2021 http://dx.doi.org/10.15359/ree.23-3.17

Baca, G., (2016) "Introducción a la seguridad informática", obtenido en la red mundial el 23 de septiembre del 2021, https://books.google.com.mx/books?hl=es&lr=&id=IhUhDgAAQBAJ&oi=fnd&pg=PP1&dq=Que+es+seguridad+informatica+&ots=0XNw6yzgJq&sig=g1RUxYuKQOC9ifL5dyGDndMMaAg&redir_esc=y#v=onepage&q&f=false

Carvajal C., (2019) "La encriptación de datos empresariales: ventajas y desventajas" obtenido en la red mundial el 22 de octubre del 2021 https://recimundo.com/~recimund/index.php/es/article/view/487

Carvajal, T., (2018) "Tecnologías, seguridad informática y derechos humanos" obtenido en la red mundial el 28 de septiembre del 2021 http://dx.doi.org/10.12795/IETSCIENTIA.2018.i01.03

Castillo J., (2017) "Seguridad informática o informática pymes" obtenido en la red mundial el 22 de octubre del 2021 http://repository.unipiloto.edu.co/handle/20.500.12277/4929

Palafox L., (2019) "Una metodología de ciberseguridad para pymes en entornos industriales" obtenido en la red mundial el 22 de octubre del 2021 https://reunir.unir.net/handle/123456789/9422

Chicano E., (2015) "Gestión de incidentes de seguridad informática" obtenido en la red mundial el 22 de octubre del 2021 https://books.google.com.mx/books?id=-04pEAAAQBAJ&lpg=PT3&ots=swFK3nLrxp&dq=Inicios%20de%20la%20seguridad%20informatica&lr&hl=es&pg=PP1#v=onepage&q&f=false

Díaz J.D., (2020) “Seguridad informática y tecnología” obtenido en la red mundial el 22 de octubre del 2021 https://orcid.org/0000-0002 Resumen-- 4505-3275

Didier F., (2021) “Manual de buenas prácticas de seguridad informática en redes domésticas” obtenido de la red mundial el 21 de noviembre de 2021. https://repository.unad.edu.co/bitstream/handle/10596/39430/dfhurtadov.pdf?sequence=3&isAllowed=y

Espinoza, E, A. Y Rodríguez, R., (2017) “Seguridad informática en una problemática de las organizaciones del Sur de sorona” obtenido en la red mundial el 18 de noviembre del 2021 https://revistainvestigacionacademicasinfrontera.unison.mx/index.php/RDIASF/article/view/140

Figueroa, J, A, Rodríguez R, F, Boneobando, C, C, Saltos, J, A., (2018) “La seguridad informática y la seguridad de la información” obtenido en la red mundial el 28 de septiembre del 2021, Doi: https://dx.doi.org/10.23857/pc.v2i12.420

Flores, J. Molina, L. y Guarda, T., (2018) “Seguridad Informática en el uso de los Nuevos Equipos Tecnológicos” obtenido de la red mundial el 21 de noviembre del 2021 https://www.proquest.com/openview/77d7d0f4e35e4177e0ca7913fa8f2300/1?pq-origsite=gscholar&cbl=1006393

Gil V, D, y Gil j, C., (2017) “Seguridad informática organizacional: un modelo de simulación basado en dinámica de sistemas” obtenido en la red mundial el 22 de octubre del 2021 https://doi.org/10.22517/23447214.11371

Gómez, A., (2011) “Enciclopedia de la seguridad informática”, obtenido en la red mundial el 23 de septiembre del 2021, https://books.google.com.mx/books?hl=es&lr=&id=Bq8-DwAAQBAJ&oi=fnd&pg=PT2&dq=Que+es+seguridad+informatica+&ots=dxn41e2ihG&sig=WLoP5GoPerzWWvFCg_09YklpuSA&redir_esc=y#v=onepage&q&f=false

González M., (2018) “Aplicabilidad de controles de seguridad informática que garantice la eficiencia de la administración del servicio de red “wifi” de la cooperativa Utrahuilca” obtenido de la red mundial el 21 de noviembre de 2021 https://repository.unad.edu.co/bitstream/handle/10596/20692/1075224766.pdf?sequence=3&isAllowed=y

González, J., (2011). "¿Seguridad Informática o Seguridad de la Información?" Obtenido En La Red Mundial el 28 de septiembre de 2021, Doi: https://dx.doi.org/10.23857/pc.v2i12.420

Hernández N, J., (2020) "Preservación documental digital y seguridad informática" obtenido en la red mundial el 18 de noviembre del 2021 https://repository.unad.edu.co/handle/10596/40458

Joyanes, L., (2021) "Ciberseguridad" obtenido en la red mundial el 18 de noviembre del 2021 https://dialnet.unirioja.es/servlet/articulo?codigo=6115620

Guevara C, (2020) "Análisis de la seguridad informática de una mediana empresa Lima 2019-2020" obtenido en la red mundial el 22 de octubre del 2021 http://190.187.227.76/handle/123456789/4099

Medina, F., (2011) "Seguridad Informática" obtenido en la red mundial el 28 de septiembre de 2021 http://franciscomedina.net/seguridad/2012-1-Seguridad_Informatica_Tema1.pdf

Melo A, y Hernando Y., (2017) "Retos de la seguridad informática en Node Js" obtenido en la red mundial el 22 de octubre del 2021 http://repository.unipiloto.edu.co/handle/20.500.12277/2671

Moreno, Y., (2018) "Prácticas básicas de seguridad informática y la importancia de un programa continuo de actualización de todos los sistemas de información" obtenido de la red mundial el 21 de noviembre de 2021 http://repository.unipiloto.edu.co/bitstream/handle/20.500.12277/10028/Pr%c3%a1cticas%20b%c3%a1sicas%20de%20seguridad%20inform%c3%a1tica%20.pdf?sequence=1&isAllowed=y

Muñoz y Rivas., (2015) "Estado actual de equipos de respuesta a incidentes de seguridad informática" obtenido de la red mundial el 22 de octubre del 2021 https://pdfs.semanticscholar.org/2cfa/3c743f39189d6052b1816dd558c21c6a4355.pdf

Ochoa y Cervantes., (2012) "Seguridad informática" obtenido de la red mundial el 22 de octubre del 2021 https://ideas.repec.org/a/erv/coccss/y2012i2012-0719.html

Portainer, F., (2012) "Seguridad informática por Fabian Portainer" obtenido en la red mundial el 18 de noviembre del 2021 https://books.google.com/books?hl=es&lr=&id=uVXOrk3kB6gC&oi=fnd&pg=PT

3&dq=info:VMd4_uV2ytcJ:scholar.google.com/&ots=-z1-KbS0TT&sig=1H50a9JqYSydJCP1kITuTVk2G8M

Quiroz S, M, y Macias D, G., (2017) "Seguridad informática" obtenido en la red mundial el 22 de octubre del 2021 http://dx.doi.org/10.23857/dom.cien.pocaip.2017.3.5.agos.676-688

Ramírez E, M., (2018) "seguridad informática gerencial" obtenido en la red mundial el 28 de septiembre del 2021 http://biblioteca.uteg.edu.ec/xmlui/handle/123456789/201

Ramos, A., (2011) "introducción a la seguridad informática 1", obtenido en la red mundial el 28 de septiembre del 2021. https://books.google.es/books?hl=es&lr=&id=c8kni5g2Yv8C&oi=fnd&pg=PA1&dq=la+seguridad+informatica&ots=3qwVFlp6Vx&sig=f8AlZbA7I5sqoCklekq1nEqXLA4#v=onepage&q&f=false

Roa, J, F., (2013) "Seguridad informática", obtenido en la red mundial el 28 de septiembre del 2021, https://d1wqtxts1xzle7.cloudfront.net/34758985/Seguridad_Informatica_McGraw-Hill_2013_-_www.FreeLibros.me_-_copia-with-cover-page-v2.pdf?Expires=1632875396&Signature=Bs~yWnlJ0UHTihRJa6vXQ6RazilVh8aRbSs5UW4~nDzlux3csLeFZnC89Ui-4VrlYpjxnlogmN7ZwSl2DrM72Zqk9byizPO~1B8gwJi3~YQV3k2LTA0ZpYu52t9CQZiXm2iz~Qie0LqtChW2aFpyBKLqv~3FYdryQd0AGnejfQnclW-EN3BEflHkC2iw5pQYLNkNWuT3WlSHaTeek4amkAvo6xtrx3B8g7Kchr389GLh4E1bi5i5CPJkD2SilmbjwfaasvYl~D9-CSPmX6CuN9fZ7c5JGdJmhy1n~UY817ridGKZ4hrg9fVl4EJEisg5lbFGH8p0k~7RgNvsRlq9zQ__&Key-Pair-Id=APKAJLOHF5GGSLRBV4ZA

Saín, G., "Que es la seguridad informática" obtenido en la red mundial el 18 de noviembre del 2021 http://www.pensamientopenal.com.ar/system/files/2021/05/doctrina46557.pdf

Suárez, D., (2017) "una forma de interpretar la seguridad informática", obtenido en la red mundial el 28 de septiembre del 2021 http://repository.lasallista.edu.co:8080/ojs/index.php/jet/article/view/1015

Taipe H., (2020) "Seguridad informática y evaluación de riesgos en los activos de información del Instituto Nacional de Estadística e Informatica-junin" obtenido en la red mundial el 22 de octubre del 2021 https://hdl.handle.net/20.500.12848/1713

Tejena M, A., (2018) "Análisis de riesgos en seguridad de la información", obtenido en la red mundial el 28 de septiembre del 2021, Doi: https://dx.doi.org/10.23857/pc.v3i4.809

Torres, C, D., (2020) "Plan de seguridad informática basado en la norma iso 27001, para proteger la información y activos de la empresa privada Megaprofer S.A." obtenido en la red mundial el 18 de noviembre del 2021 http://repositorio.uta.edu.ec/handle/123456789/30690

Uriol, C, y Jover, I, C., (2020) "Estrategias de ciberseguridad: el caso de la pequeña y mediana empresa" obtenido en la red mundial el 18 de noviembre del 2021 https://zaguan.unizar.es/record/101988#

Vega, E., (2020) "planificación y ejecución de evaluaciones de seguridad informática desde un enfoque de ethical hacking" obtenido en la red mundial el 18 de noviembre del 2021 https://books.google.com/books?hl=es&lr=&id=D9DWDwAAQBAJ&oi=fnd&pg=PA5&dq=info:GR_Nboa_D7YJ:scholar.google.com/&ots=GmwK84HpBK&sig=MCYWZHp9-76bZu1l_Q3YhHEXOho

Vega, E.,(2020) "planificación y ejecución de evaluaciones de seguridad informática desde un enfoque de ethical hacking" obtenido en la red mundial el 22 de octubre del 2021 https://books.google.com.mx/books?id=D9DWDwAAQBAJ&pg=PA11&lpg=PA11&dq=Actualmente+los+sistemas+de+informaci%C3%B3n,+los+datos+contenidos+en+ellas+y+la+informaci%C3%B3n+son+los+activos+m%C3%A1s+valiosos+para+las+organizaciones+empresariales+y+se+hace+necesario+brindarles+una+protecci%C3%B3n+adecuada+frente+a+las+posibles+intrusiones+derivadas+de+las+vulnerabilidades+existentes+en+sus+sistemas+de+seguridad.+Una+manera+efectiva+de+descubrir+estas+vulnerabilidades+y+amenazas+existentes+es+iniciando+los+procesos+diagn%C3%B3sticos+que+permitan+establecer+el+estado+actual+de+la+seguridad+dentro+de+la+organizaci%C3%B3n,+teniendo+en+cuenta+la+n

ormatividad+vigente+y+los+procesos+de+an%C3%A1lisis+y+evaluaci%C3%B3n+de+riesgos&source=bl&ots=GmwlcZJkCM&sig=ACfU3U0xNfhAKt5zeQ7hqBOswlLP9aMrSA&hl=es-419&sa=X&ved=2ahUKEwjW0t-VqPXzAhXmmmoFHSwFCZQQ6AF6BAgIEAM#v=onepage&q&f=false

Vélez, C., (2017) "Cápsulas de Tecnologías de la Información" obtenido en La red mundial el 28 de septiembre del 2021 http://gacetaii.iingen.unam.mx/GacetaII/index.php/gii/article/view/1744